*ZHULONGJIAZHUANG*

# 家装时代

## 中式风格篇

筑龙网◎编著

中国人民大学出版社
·北京·

北京科海电子出版社
www.khp.com.cn

**图书在版编目（CIP）数据**

中式风格篇／筑龙网编著.
北京：中国人民大学出版社，2008
家装时代
ISBN 978-7-300-09513-4

Ⅰ.中…
Ⅱ.筑…
Ⅲ.住宅—室内装修—建筑设计
Ⅳ.TU767

中国版本图书馆 CIP 数据核字（2008）第 109132 号

家装时代
**中式风格篇**
筑龙网　编著

| | | | | | |
|---|---|---|---|---|---|
| **出版发行** | 中国人民大学出版社　北京科海电子出版社 | | | | |
| **社　　址** | 北京中关村大街 31 号 | | **邮政编码** | 100080 | |
| | 北京市海淀区上地七街国际创业园 2 号楼 14 层 | | **邮政编码** | 100085 | |
| **电　　话** | (010)82896442　62630320 | | | | |
| **网　　址** | http://www.crup.com.cn | | | | |
| | http://www.khp.com.cn（科海图书服务网站） | | | | |
| **经　　销** | 新华书店 | | | | |
| **印　　刷** | 北京市雅彩印刷有限责任公司 | | | | |
| **规　　格** | 210 mm × 285 mm　16 开本 | | **版　次** | 2009 年 1 月第 1 版 | |
| **印　　张** | 4.5 | | **印　次** | 2009 年 1 月第 1 次印刷 | |
| **字　　数** | 100 500 | | **定　价** | 25.00 元 | |

# 前　言

　　家是人们生活的港湾，心灵的栖息地。人们忙碌了一天回到家中，可以享受到温馨浪漫的感觉，这是一次心灵的释放。但是如何让居室温馨浪漫，如何按照自身的喜好来布置自己的家居风格呢，这一直是业主和设计师比较关心的问题。

　　装修本身就是一个十分繁琐而辛苦的事。请装饰公司来布置完成自己爱家的装饰？这种方式虽然省时省力，但是绝大多数的业主并不是很了解装修设计中的各种情况，对装修中的种种问题也没有一个理性的认识，因此，与设计单位的沟通存在很多问题，结果往往跟业主自己的预期有很大的差距，完全不能满足自身的特定需求，白花了冤枉钱。

　　筑龙网针对这一情况，汇集设计师的精品力作，并整理成《家装时代》系列图集呈现给读者，读者一书在手就可以按图索骥，从中选取最为称心的方案，并按自己需求，量体裁衣，形成一套适合自己喜好的家居设计。

　　本套图书按风格共分为3册，本册主要是中式风格。中国风格并非完全意义上的复古明清，而是通过中式风格的特征，表达对清雅含蓄、端庄典雅的东方式精神境界的追求。本书精选了大量优秀的整体案例，案例中包含平面布置图，可以一目了然地了解室内的布局情况，图片中的标注可以指导读者了解施工，并从装修设计的原理角度对居室的功能布局、造型、色彩、选材方面进行了解释，所选用的图片具有一定的特色，展示了当前较为前沿的设计水平，为读者提供了明确直观的优秀户型设计装修资料，值得设计师和准备装修的业主参考。

　　祝您装修愉快！

本书编委会

# 参编人员名单

主　　编：段如意
参编人员：韩　全　哈尔滨金凤凰空间设计公司

陈宝胜　陆　枫　那芙蓉　姜明明
彭冠华　陈鑫杰　吴　俊　杨文宝
孙　张　黄椿雁　王　娟　吕少峰
刘新圆　徐君慧　张兴诺　吴晓伶
侯小强　吴正刚　陈　瑞　姜　楠
沈阳宏远装饰
北京宏州设计公司

# Contents 目 录

一楼平面布置图

**建筑面积：167.3m²　设计师：韩全**

## 古典中式风格

这是两层别墅的中式家居环境设计。

业主是一个四口之家，主人为一对年轻夫妇和他们的父母，在整体的设计风格上主要采用古典形式，用现代手法加以表现，在颜色上采用暖色调，有家的温馨感。简约、大方、沉稳、现代又不失活力，不张扬却又颇具气势。客厅是一个多功能的场所。无论是会客还是家庭成员之间的交流，这里都是主要集中地。此设计在色彩上运用了三原色之间的交互使用，首先就给停留在此空间的人一种很强的视觉冲击力和视觉感染力。书房的空间设计，通过简单的方形语言，赋予空间一种整齐感。古典雅致的风格与现代大方的简约风格相互协调。两种不同的表现形式相互交融且渗透着，给人带来的不仅仅是空间美感，更是一种心灵的放松，是一个灵魂的栖息地。神秘色彩的渲染让空间更加丰富而有韵味，局部亮色的点缀提起了整体空间的感觉。

实木收边条　　实木造型面饰红色混油

书柜施工图

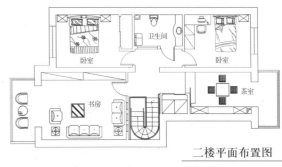

二楼平面布置图

实木收边条

细木工板打底，胡桃木饰面，清油擦色

实木造型，面饰红色混油

胡桃木饰面，清漆擦色

山水画

仿砖肌理壁纸

胡桃木饰面吊顶，清漆

胡桃木实木线条做造型

**TIPS**

擦色也叫底着色，是指油漆的一个施工工艺，在底材还没有进行油漆施工时，先把色浆或色精用擦的方法涂在木材表面。一般用于清漆施工中。

混凝土清水墙

装饰字画

墙面粉刷生石灰水

TIPS

生石灰水即氧化钙。用它来粉墙面具有消毒杀菌，生态环保，且造价较低的优点。

# 建筑面积：482.5m² 设计师：郭现雷

## "古典"中式设计

　　本案是一个两层的别墅设计，设计师合理规划空间，精彩地设计出了实用而又内敛的空间。中式装饰讲究疏密结合，在对比中找协调。客厅背景墙的设计恰到好处地运用了这一原则，天花和墙面与家具相映成趣，红木的材质及龙形的装饰体现出主人不凡的气魄，使整个空间洋溢着华贵和富丽的气息。再加上古典的家具更显示出东方古老的文化。花格是中式的主要元素，在空间中起到画龙点睛的作用。

一层平面布置图

石膏板吊顶，乳胶漆饰面

壁纸饰面

红木吊顶，清漆

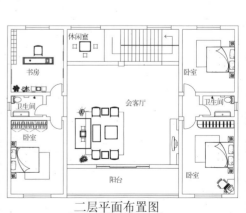

二层平面布置图

红木实木吊顶

大芯板衬底，红
木饰面板饰面，
清漆

石膏板造型，
乳胶漆饰面

成品实木窗格

红木吊顶，
清漆

石膏板吊顶，
乳胶漆饰面

大芯板衬底，
红木饰面板饰
面，清漆

# 建筑面积：131.23m² 设计师：夏胜强

## 中式古典的装修风格

　　这是一个三室两厅的户型设计，设计师利用了大量古典的中式元素，如深红的家具、古典的书案、对称的设计、古币图案的透空木隔栅以及精致的垭口，体现了中式装修的韵味，处处显示着主人渊博的学识和独到的见解。玄关兼具隔断和使用功能，主要以带有古币图案的透空木隔栅做隔断，既有古朴雅致的风韵，又能产生通透与隐隔的互补作用。垭口的设计再一次强调了中式的元素，为餐厅提供了一个独立的就餐环境。红色可以说是中式卧室中不可或缺的一种色彩，特别是在寒冷的冬季，红色就更加显得暖意浓浓。

平面布置图

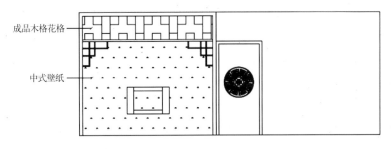

成品木格花格

中式壁纸

电视背景墙立面图

成品木花隔，胡桃木清漆

中式文字图案壁纸

细木工板，胡桃木饰面清漆擦色

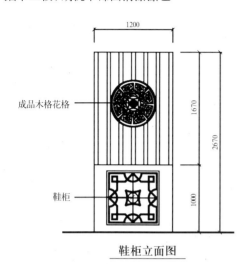

成品木格花格

1200

1670

2670

鞋柜

1000

鞋柜立面图

细木工板，胡桃木饰面，
垭口，清漆擦色

书法壁纸

细木工板胡桃木饰面

肌纹壁布红色

## 建筑面积：185.6m²　设计师：宏洲设计公司

### "古典"中式设计

　　本案是一个别墅的装修，采用了大胆的颜色铺垫，家具与房间一体化的设计，既强调功能，又不失美感。中式窗、多宝格配合传统的黑白色沙发，给人一种庄重，典雅的印象。屏风的设计既起到了隔断的效果，也可做为电视背景的装饰。薄薄的屏风保持空间良好的通风和透光率，营造出"隔而不离"的效果。古色的书架，配上书画的壁纸使书房有一种别样的气质，开放式的书房与客厅间仅以一栏为隔，两个空间虽然被分隔开了，但在视觉上却具有连续感，又给书房创造了一个相对独立的空间，让人可以安心地工作学习。

石膏板吊顶，乳胶漆饰面

碎花壁布

细木工板，胡桃木饰面，清漆

书画壁纸饰面

细木工板，胡桃木饰面，清漆

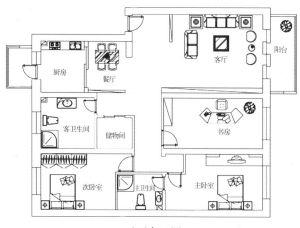

平面布置图

# 建筑面积：141.59m² 设计师：韩全

## "传统"中式设计

这是一个三室两厅两卫的户型设计，整个的户型设计通透明亮，厨房和餐厅并没有明显的界限，设计师进行了分隔，把厨房空间和餐厅空间分割开，既有连接又使厨房有一个独立的空间。设计师把电视墙与电视组成了中国传统的铜钱图案，寓意着富贵吉祥。沙发背景的清水水泥墙面与电视背景墙相互映衬，统一而又富于变化。翠绿的丛竹，鹅黄的丛竹，鹅黄的窗帘，给房间带来一股明快的气息。坐在古朴的太师椅上静静地品着茶，享受着午后的阳光，让人仿佛置身于唐诗宋词的意境中。

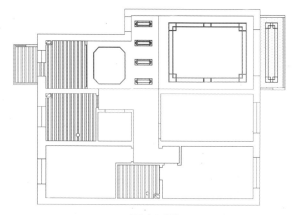

顶面布置图

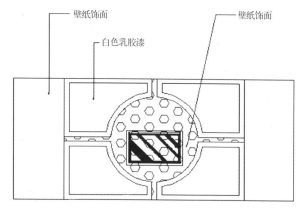

电视墙立面图

胡桃木实木线条

壁纸饰面

混凝土清水墙饰
面板

壁纸饰面

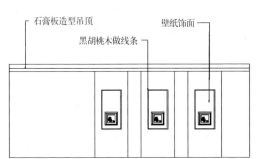

石膏板造型吊顶

黑胡桃木做线条

壁纸饰面

沙发墙立面图

**TIPS**

　　胡桃木主要
产自北美和欧洲。
国产的胡桃木颜色深浅。黑胡
桃呈浅黑褐色带紫色，胡桃木
易于用手工和机械工具加工。
可以持久保留油漆和染色，可
打磨成特殊的最终效果，主要
适用于家具，家居，工艺品等。

壁纸饰面

石膏板吊顶，乳胶漆饰面

细木工板，胡桃木饰
面，清油

细木工板，胡桃木饰
面，混油

黑胡桃木吊顶，
清漆

壁纸饰面

细木工板，黑胡
桃饰面板，清漆

黑胡桃木实木
线条装饰

混凝土清水墙
饰面板

胡桃木门

黑胡桃木吊顶，
清漆

石膏板吊顶，
乳胶漆饰面

黑胡桃木做线条

# 建筑面积：121.65m² 设计师：韩全

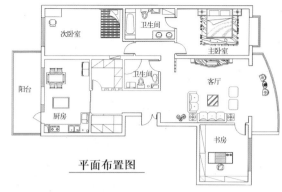

平面布置图

### "传统"中式设计

这是一个三室两厅两卫的户型设计，设计师利用传统的编织和木制品来表现传统的中式设计，编织品具有质朴自然的质地，木制品则给人以回归田园的感觉。在电视背景墙的设计上，电视和背景组成了方圆造型，意寓天圆地方，起到了前后互呼应的效果。

细木工板，黑胡桃木饰面造型

编织纹壁纸饰面

黑胡桃木实木线条，清漆

石膏板吊顶，
乳胶漆饰面

石膏板造型，
乳胶漆饰面

胡桃木做线条，
清漆

原墙面乳胶漆
饰面

胡桃木做造型，
清漆

原墙面乳胶漆
饰面

编织纹壁纸饰面

胡桃木木做线条

原墙面编织纹壁
纸饰面

胡桃木线条，清
漆

原墙面乳胶饰面

TIPS

石膏板吊顶是目前应用
比较广泛的一类新型吊顶装饰
材料，具有防火、隔音、隔热、
抗振动性能好、施工方便等特
点，有良好的效果和较好的吸
音性能，适用于居室的客厅、
卧室、书房吊顶。

石膏板吊顶乳胶
漆饰面

原墙面乳胶漆

石膏板造型乳胶
漆饰面

石膏板造型，编
织纹壁纸饰面

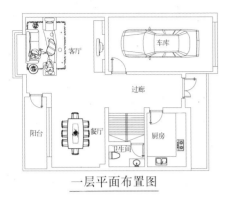

一层平面布置图

二层平面布置图

三层平面布置图

# 建筑面积：218.93m² 设计师：宏远装饰公司

## "新中式"设计

本案是一个三层别墅的家装设计方案。根据业主的喜好与气质，设计师选择采用了新中式的装饰风格：线条明快，细部的处理手法具有较强的现代感，但在材质、造型上融入了大量的传统文化元素，因此使家居整体环境在不失活力的同时，体现了业主深厚的人文情怀。

客厅电视墙的设计是本方案的亮点，其图案灵感来自传统中国的"百福图"和"四体千字文"，辅以黑檀木造型面板与中式楹联，显得格调高贵，大气淋漓。

基于业主本人的读写习惯，本案在卧室中加入了书桌和博古架，几件简单的摆设，就把环境点缀得闲趣盎然。

石膏板吊顶，乳胶漆饰面

黑檀木造型

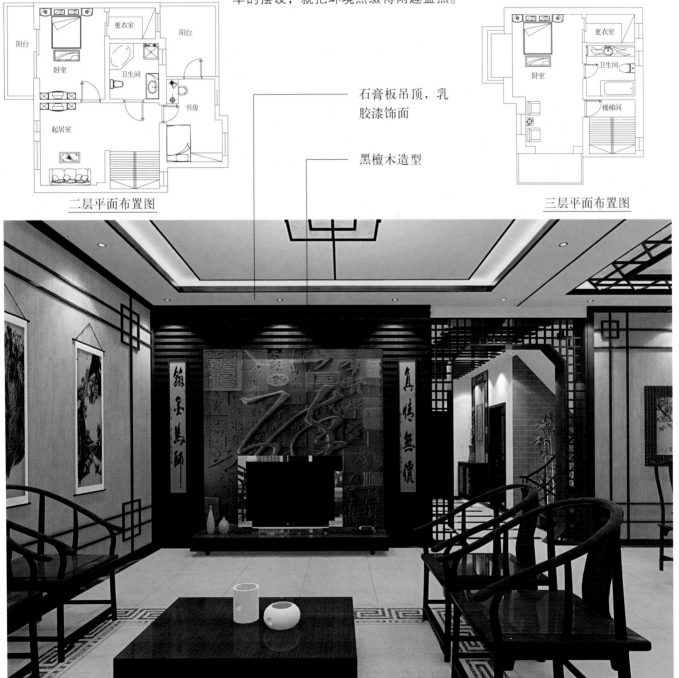

黑檀木装饰　　成品实木
线条　　　　　雕刻

黑檀木做
装饰门

黑檀木装饰线条

黑檀木实木吊
顶，清漆

黑檀木做
装饰门

石膏板吊顶，
乳胶漆饰面

黑檀木吊顶，清漆

石膏板吊顶，
乳胶漆饰面

黑檀木吊顶，清漆

装饰画

壁纸饰面

瓷砖

成品装饰框

铝塑板吊顶

瓷砖

石膏板造型，
乳胶漆饰面

博古架

黑檀木吊顶，清漆

# 建筑面积：98.57m²　设计师：陈宝胜

## "新中式"设计

　　这是一个五室两厅的户型设计，户型在格局上贯通全局、通透阔达，厨房、餐厅与客厅一气呵成，餐厅与客厅之间不设任何障碍，连成一体却又布局分明，动静过往，毫无拘束。采用了现代与古典混搭的手法，将诸多古典细节藏蕴于整体的现代之中，外形古朴而内涵丰富。

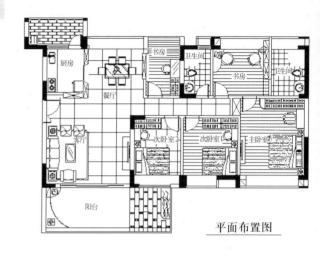

平面布置图

原墙面贴壁纸

胡桃木实木线条

原墙面石膏板

石膏板吊顶，
乳胶漆饰面

原墙面贴壁纸

石膏板吊顶，乳
胶漆饰面

原墙面壁纸饰面

石膏板造型，乳
胶漆饰面

细木工板，胡
桃木饰面

木方沟缝处理

细木工板，胡桃木饰面，清漆

三扇推拉门，巧妙地把卫生间的门隐藏到了书柜中，其中两扇是书柜的门，一扇是卫生间的门

中式花窗格

中式花窗格

石膏板封顶，乳胶漆饰面

素色壁纸饰面

细木工板，胡桃木饰面，清漆

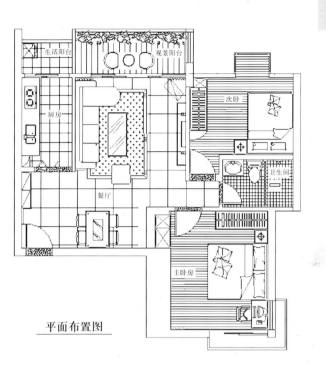

平面布置图

## 建筑面积：85.15m² 设计师：陈宝胜

### "新中式"设计

这是一个两室两厅的户型设计，整个门厅、客厅、餐厅不到24平方米。在如此小的空间中设计师运用吊顶的不同造型将狭小的空间巧妙划分，形态各异的吊顶更增加了房间的层次感和空间感。门厅厨房正对入户大门，厨房门的艺术彩色玻璃既避免了风水上的忌讳同时用起到屏风的作用。整个设计大量采用古典元素又能巧妙地容入现代风格之中，将古朴与时尚相融合，同时又运用了大量的木制材料和绿色植物等自然元素，构成了一个家庭式的苏州园林。

原墙面乳胶漆　　　胡桃木实木线条吊顶，清漆　　　素纹壁纸

木龙骨，胡桃木饰面清漆

素色壁纸饰面

胡桃木实木线条，清漆，中式造型

木龙骨，胡桃木饰面，清漆

木龙骨，胡桃木饰面，清漆

石膏板吊顶，乳胶漆饰面，混油

木龙骨，胡桃木饰面，清漆

原墙面乳胶漆

# 建筑面积：120.8m² 设计师：陈鑫杰

### "新中式"设计

本案的设计师利用中式元素和中式线条营造了一个全新的空间，拐过有花窗隔段的玄关，进入客厅的空间，像是进入一个书香世家。电视背景上的书画，客厅的造型吊顶，玄关的隔断，既是沙发的背景装饰，又是玄关的造型，划分了两个空间。而两个空间虽然被分隔开了，但在视觉上却具有连续感，整个客厅在设计师匠心独运中迂回蜿蜒，步移景异，别具风情。卧室空间不大，设计的重点在于对房间整体色调和风格的把握，床头背景的设计，家具的配饰营造了主人最惬意的栖居地。

素色壁纸饰面

细木工板，胡桃木饰面，清漆，擦色

大花壁布饰面

实木地板

石膏板吊顶，乳胶漆饰面

细木工板，胡桃木饰面，清漆，擦色

胡桃木实木线条

中式条案

# 建筑面积：157.18m²　设计师：彭冠华

## "新中式"设计

　　这是一个别墅的中式设计，整体的设计风格上采用新中式的手法，摒弃了传统的金碧辉煌，雕梁画栋，只是做了局部的点缀，突出了家居的舒适感，门厅利用木质窗做隔断，前面的两把中式圈椅，让人一进门就感受到一股浓浓的传统味道。进入客厅，中式元素的多宝隔和花窗都是中式设计中的点睛之笔。整套设计上保留了业主原有的中式家具，色彩上以深色沉稳为主，中式家具色彩一般比较深，这样整个居室色彩才能协调，也可以更好地表现古典家具的内涵，使整个设计协调统一。

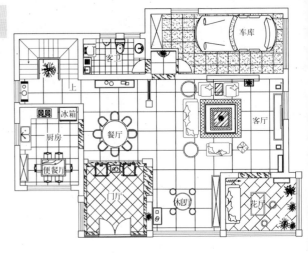

一层平面布置图

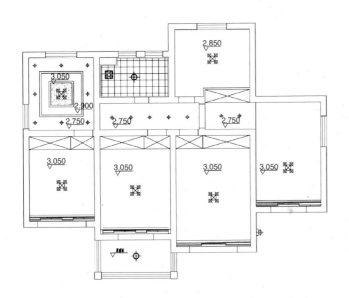

二层顶面布置图

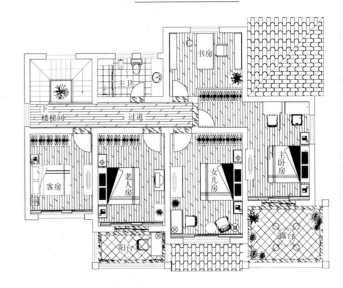

二层平面布置图

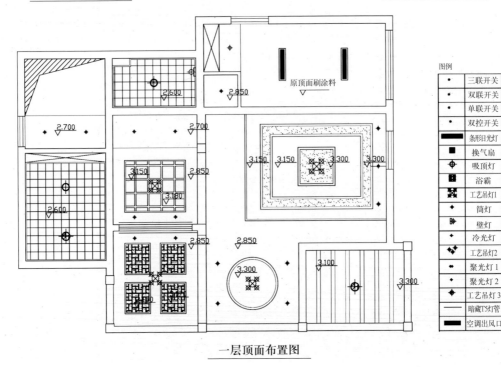

一层顶面布置图

图例

| | |
|---|---|
| • | 三联开关 |
| • | 双联开关 |
| • | 单联开关 |
| • | 双控开关 |
| ▬ | 条形日光灯 |
| ■ | 换气扇 |
| ⊕ | 吸顶灯 |
| | 浴霸 |
| ✳ | 工艺吊灯 |
| • | 筒灯 |
| ⊩ | 壁灯 |
| • | 冷光灯 |
| ✦ | 工艺吊灯2 |
| • | 聚光灯1 |
| • | 聚光灯2 |
| • | 工艺吊灯3 |
| — | 暗藏T5灯管 |
| ▬ | 空调出风口 |

石膏板吊顶，乳胶漆饰面

鸡翅木吊顶，清漆，内藏灯带

伊朗白洞石饰面

中式木制落地窗

石膏板吊顶，乳胶漆饰面

竖纹壁纸饰面

中式多宝格

伊朗白洞石饰面

石膏板吊顶，乳胶漆饰面

石膏板吊顶，乳胶漆饰面

伊朗白洞石饰面

中式花窗格

中式条案

伊朗白洞石饰面

石膏板吊顶，乳胶漆饰面

平面布置图

# 建筑面积：93.7m² 设计师：宏州设计公司

### 新中式装修

　　这是一个三室两厅的户型设计，主要是利用柚木和一些中式的元素来体现中式的韵味。电视背景墙利用古朴的木雕刻与金属装饰条，勾画出古典与现代完美结合的墙面。餐厅的多宝格兼具使用功能和隔断的效果。设计时尚的屏风，有时甚至比摆放在它前面的家具更加吸引目光，形成了中式设计的亮点。

金属装饰条

细木工板柚木饰面，清漆

# 建筑面积：105.8m² 设计师：韩全

## 新中式风格

舒适、典雅是此设计追求的主调。在本案中，设计师以红、蓝为主要色彩，局部配以亮色起到画龙点睛的作用。中式镂空隔断既分割了空间，又有障景透景的作用；一幅挂画，几个简单的装饰，给整个客厅营造出一个具有纵深感的视觉中心，木隔栅的电视背景墙又给了空间拓展和延伸的感觉。起居室阳台构思精巧，就着暖暖的阳光坐在地台上品茶或小憩，是一天中最惬意的时光。木质隔栅装饰与陶瓷饰瓶、竹子盆栽，在柔和的灯光下，营造出和谐、宁静的氛围。以竹子为背景的玄关起到了分隔空间的作用，两个空间虽然被分隔开了，但在视觉上却具有连续感。墙面的材质使用水泥清水墙，不但把环保的观念引进室内设计中，更是返璞归真的点睛之笔。

细木工板，胡桃木饰面清漆

石膏板吊顶

细木工板，胡桃木饰面清漆

细木工板，胡桃木饰面，清漆做地台

石膏板吊顶，乳胶漆饰面，暗藏灯带

印花壁纸饰面

胡桃木实木线条

石膏板吊顶

胡桃木吊顶，清漆

石膏板吊顶，乳胶漆

仿砖肌纹壁纸

细木工板，胡桃木
饰面，清漆

细木工板，胡桃木
饰面，红色混油

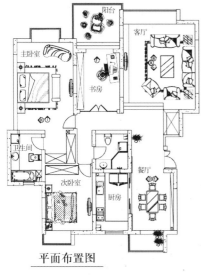

平面布置图

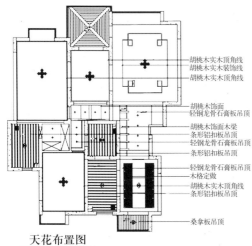

胡桃木实木顶角线
胡桃木实木装饰线
胡桃木实木顶角线

胡桃木饰面
轻钢龙骨石膏板吊顶
胡桃木饰面木梁
条形铝扣板吊顶
轻钢龙骨石膏板吊顶
条形铝扣板吊顶
轻钢龙骨石膏板吊顶
木格定做
胡桃木实木顶角线
条形铝扣板吊顶

桑拿板吊顶

天花布置图

# 建筑面积：146.12m²　设计师：吴俊

## "新中式"装修

　　本案是个三室两厅两卫的户型设计，业主是有很高生活品位的人，所以设计师在客厅的装饰和室内物品的搭配上都经过精心的策划搭配。客厅是家庭装修的重点，设计师在客厅的设计上进行了巧妙的搭配，背景墙的设计，客厅的吊顶、室内物品的搭配，处处显示着主人的高超品位和设计师的设计水平。餐厅的色调统一，映衬窗外的美景，让人的食欲大增。古朴的书架，红色的纱幔，给古色古香的书房增加了一种神秘感。大花的壁纸，也增添了卧室的情趣。

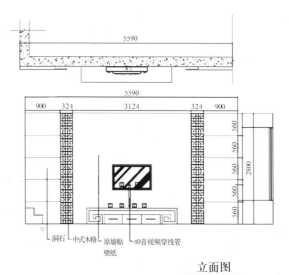

洞石　中式木格　原墙贴　40音视频穿线管
　　　　　　　壁纸

立面图

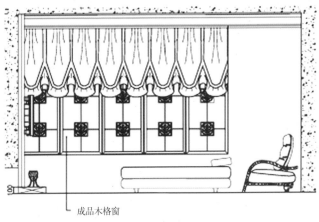

成品木格窗

立面图

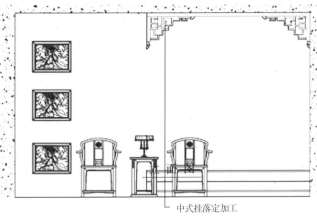

中式挂落定加工

立面图

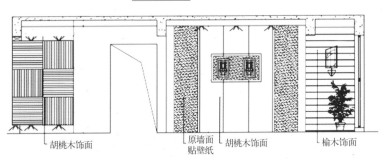

胡桃木饰面　　　　　原墙面　胡桃木饰面　　　榆木饰面
　　　　　　　　　　贴壁纸

立面图

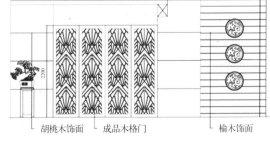

胡桃木饰面　　成品木格门　　　　榆木饰面

立面图

原墙面贴壁纸

中式木格栅，
胡桃木饰面，
清漆

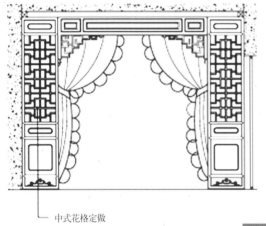

中式花格定做

立面图

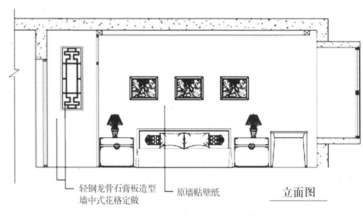

轻钢龙骨石膏板造型
墙中式花格定做

原墙贴壁纸

立面图

2700
200  400    1700    400
430
2300
1620
2300
410

原墙乳
胶漆

中式木格

胡桃木饰面

立面图

## 建筑面积：82.17m²　设计师：那芙蓉

### "现代中式"风格设计

这是一个别墅的户型设计，在整个设计风格上运用现代的中式风格。

如果把传统元素太多运用在现代的生活中，会给人住在宾馆、酒店的感觉，没有家的氛围。因此本案在家具的搭配方面，用了一些简单的家具，造型上用了一些比较传统的木雕花，既有中式的韵味又体现了家的温馨感。

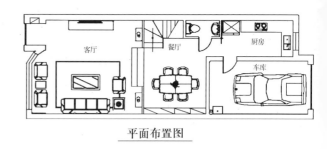

平面布置图

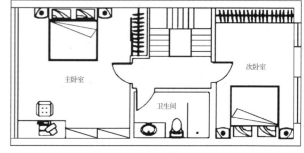

平面布置图

花梨木实木线条

墙面干挂大理石

石膏板吊顶，
乳胶漆饰面

胡桃木实木楼梯

石膏板吊顶，
乳胶漆饰面

细木工板，胡
桃木饰面，清
漆

石膏板造型，
壁纸饰面

# 建筑面积：113.5m²　设计师：吴俊

## "时尚"中式风格

这是一个四室两厅两卫的户型设计。对称的设计永远是中式设计的主旋律，本案的设计主要就是运用中式的元素和对称的设计来体现中式的韵味。大量中式元素的运用，使空间中洋溢着典雅奢华的情趣，相似的图案，对称的设计，给人一种协调大方的感觉。

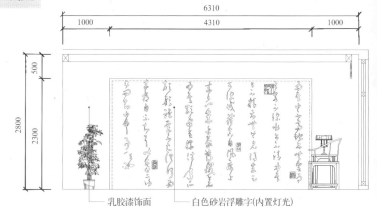

乳胶漆饰面　　　白色砂岩浮雕字(内置灯光)

**电视背景墙立面图**

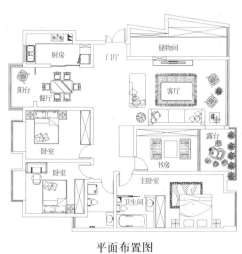

**平面布置图**

白色沙岩浮雕字

黄色乳胶漆饰面

# 建筑面积：103.58m² 设计师：韩全

## "前卫"中式装修

　　这是一套设计比较时尚、前卫的中式装修，设计师摒弃了传统中式的繁琐和沉重，在颜色上采用大面积的中国红来表现中式的韵味，很好地把传统与现代，沉稳与活力结合了起来。客厅在整个的居室中占主导的地位，是人们活动和交流的中心，视线的焦点，客厅背景墙采用中国传统的红色，给人以耳目一新的感觉，和沙发背景的字画呼应，提升了整个客厅的品位。开放式的厨房设计显然不是中式的风格，但是橱柜的设计、瓷砖的拼贴、餐椅的选配，都很有中式的韵味，堪称是中式与西式的完美结合。红色可以说是中式卧室中不可或缺的一种色彩，特别是在寒冷的冬季，红色就更加显得暖意浓浓。整套设计时尚而前卫，张扬又不失中式装修的本色。

石膏板吊顶，乳胶漆

中式壁纸

原墙面乳胶漆

胡桃木实木线，
清漆

8mm 厚钢化玻璃

木龙骨骨架，石
膏板衬底，乳胶
漆饰面

木龙骨打
底，樱桃
木饰面

仿古瓷砖

木龙骨打底，樱桃木饰面，红色混油

实木线条装饰，红色混油

## 建筑面积：158.6m² 设计师：韩全

### "别墅"中式装修

　　这是一套别墅的设计方案，此设计在色彩上不拘一格，红黄蓝是传统的三原色，又是中式家居的常用颜色，客厅与餐厅的红色和蓝色的使用，使空间看起来典雅，沉稳，黄色在卧室中的运用，给人一种高贵，不可侵犯的感觉。柚木电视背景墙的设计，墙角的一抹竹韵，房间增添了一点亮彩，打破了客厅沉闷的格局。餐厅同样是红蓝两色的搭配，镶嵌在墙上的多宝格均匀对称，优雅的吊灯点亮了温馨的团聚之夜。黄色的床头背景，暗紫色的窗帘，给卧室增加了一种神秘的气息。衣柜上的两幅燕雀闹春图在卧室中可谓闹中取静。

细木工板，柚木饰面，清漆

原墙面红色乳胶漆，调色

细木工板，柚木饰
面，中式镂花

细木工板，柚木饰
面，清漆，酒柜

石膏板衬底，
乳胶漆饰面

胡桃木实木栅格

石膏板吊顶

细木工板，胡
桃木饰面，清
漆

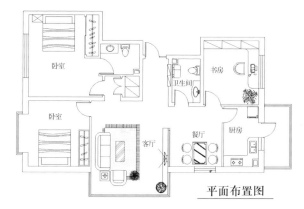

平面布置图

# 建筑面积：88.69m² 设计师：韩全

### 小户型中式设计

这是一套小的三室两厅的户型，建筑面积是 88.69 m²。设计师为了使空间得到更合理的使用，根据业主的需求进行了室内的局部改动。首先把厨房做成开放式的，这样可以使视野开阔，更加有效地利用空间；其次将客卫生间的门进行了改动，为就餐提供了更好的环境。再次就是主卧室的改动，主卧室的门内移，这就有个储物间的位置了。

石膏板造型，乳胶漆饰面

胡桃木做造型，刷木制清漆

原墙面乳胶漆

石膏板吊顶，
乳胶漆饰面

胡桃木实木线
条做造型，清
漆

原墙面乳胶漆

细木工板，胡桃
木饰面，清漆

# 建筑面积：63.76m² 设计师：韩全

### "小户型"中式装修

谁说小户型不能做中式装修？这就是一套中式前卫的小户型设计，整体设计前卫而张扬，空间层次的变化丰富而有韵律，装饰物的点缀使客厅空间变得更加灵动。玄关处设计得简洁大方，照明设计既满足了功能上的需要，又将空间渲染出神秘而舒适的气氛，让居者一走进家门就可享受与众不同的美感。餐厅利用材质来表现空间的性格，地面石材与天花实木完美地结合在一起，设计师信手拈来就造就了一个前卫而有内涵的就餐空间。精致又浩瀚，含蓄又激昂，纯粹又多元，在急速的运转中掌握精确的平衡。

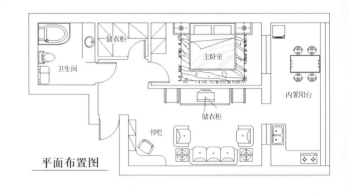

平面布置图

胡桃木实木线条，擦色

石膏板吊顶

红色乳胶漆

书法壁纸

红色乳胶漆

桑拿板吊顶

# 建筑面积：66.56m² 设计师：韩全

### "简约"中式设计

　　这是一个两室一厅的小户型设计，业主要求中式风格。因为是小户型，设计师没有做过多的装饰，只是用中式的元素加以点缀，而利用软装饰来体现中式的韵味。

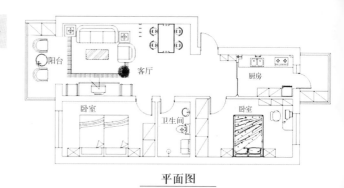

平面图

——原墙面乳胶漆

——石膏板造型，乳胶漆饰面

——细木工板，胡桃木饰面，清漆

细木工板，胡桃木饰面，
清漆柜门

胡桃木线造型

石膏板造型，乳
胶漆饰面

# 建筑面积：147.8m²　设计师：孙张

平面布置图

## "简约中式"风格设计

本案是一个四室两厅的户型设计，此设计整体色调协调统一，采用了中国传统的图案来表现中式的家居风格。入口处的玄关是一个与外界相通的地方，而且功能性较为突出。设计师在此设置鞋柜，在满足其使用功能的同时又兼顾了观赏效果。客厅电视墙的设计，主要以石材为主，融入了中式元素，再辅以灯光效果，烘托出典雅、大气的氛围，更衬出一个简洁明朗、自然通透的客厅。餐厅的设计风格简单，既与客厅风格衔接协调，又使人能明显感觉出空间的变化。

中式雕花板

爵士白石材饰面

**建筑面积：98.35m²　设计师：韩全**

### "简约中式"风格

　　质朴、稳定是此设计追求的主调。为了迎合中年夫妇生活稳定的状态，采用中式风格装饰进行点缀空间界面。空间的简洁设计营造了一个温馨而自由的氛围。设计师摒弃了繁琐的装饰元素，减少了浮华的造型语言，而希望通过空间的体量，素雅的色彩以及材质来实现设计的灵魂。材质是空间体量的外衣，即可以强化空间形体，也可以展现空间性格。在本案中，设计师以灰白，棕色为主要色彩，局部配以亮色起到画龙点睛的作用。中式传统家具的少量运用，即避免了过于富贵的印象，也能与周围环境很好地融合，表达出一个舒适清爽的简约中式空间感受。

石膏板吊顶

肌纹壁纸

建筑面积：156.35m²　设计师：吴俊

## "简约"中式风格

　　这是一个四室两厅两卫的户型设计，设计师利用很简单的中式元素，很现代的质感勾勒了一个时尚的中式空间，简约而不简单，客厅的设计即简洁时尚又有中式沉稳的韵味。

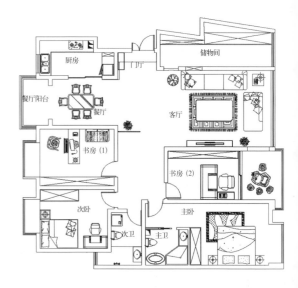
平面布置图

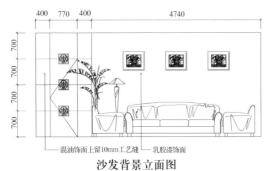

混油饰面上留10mm工艺缝　乳胶漆饰面

沙发背景立面图

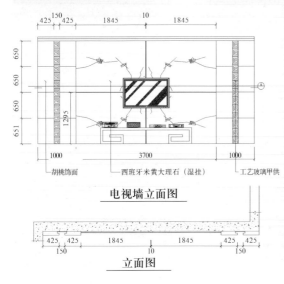

胡桃饰面　西班牙米黄大理石(湿挂)　工艺玻璃甲供

电视墙立面图

立面图

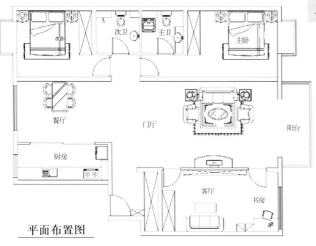

平面布置图

# 建筑面积：127.5m² 设计师：杨文宝

## "简约"中式设计

这是一个三室两厅两卫的中式设计。在现在房价高，户型小，房高偏低的情况下，纯中式的设计不适合现代的居住环境，所以设计师摒弃了繁琐的陈设语言，只是用了一些中式元素来表现中式家居住的庄重和典雅。

在客厅的设计上，设计师没有做过多的装饰，也未考虑吊顶，使整个的空间通透明亮，没有压抑感。餐厅和客厅相互连接成为一体又有分割。

胡桃木门套线 ———

——— 印花壁纸

——— 胡桃木门套线

胡桃木实木线
木线条，清漆

原墙面乳胶漆

胡桃木线吊
顶，清漆

暗藏灯带

石膏板吊顶，
乳胶漆饰面

平面布置图

# 建筑面积：143.5m² 设计师：陈鑫杰

## "简约中式"设计

　　这是一个三室两厅两卫的中式家居环境设计，在整体的风格设计上，主要采用中式的元素用现代的手法进行点缀，在颜色上采用暖色系和木质色调，既有家的温馨感，又不失沉稳，恢宏。古典雅致的中式元素与现代的简约设计相互协调，两种不同的表现形式相互融洽且相互渗透，给人一种不一样的中式效果。

细木工板，胡桃木饰面，清漆

原墙面乳胶漆饰面

中式元素挂件

石膏板吊顶，乳胶漆饰面

石膏板吊顶，
乳胶漆饰面

胡桃木吊顶，
清漆

细木工板，胡
桃木饰面，清
漆

胡桃木实木
线条，造
型，清漆

石膏板吊
顶，乳胶漆
饰面

壁布饰面

石膏板造
型，乳胶漆
饰面

竹地板

# 建筑面积：98.75m² 设计师：陆枫

## "简约中式"设计

    房屋主人是行内的专业人士，一直从事着公共场所的装饰装修。出于对中式风格的偏爱，第一次对话就提出了要求：喜欢中式的元素，喜欢中式的线条但不要过于纯正的中式风格，又要适应现代的生活。

    由于房高没有达到理想的高度，所以舍弃了繁复的吊顶，仅在进门、餐厅处加以修饰。以中式窗格做为吊顶的装饰灯罩，以中式屏风、中式装饰柜作为进门的主体墙。居室内没有多余的空间当作书房，因此在客厅沙发背后，利用整面墙的面积做成书柜。

原墙面乳胶漆饰面

中式装饰线条

石膏板吊顶，乳胶漆饰面

细木工板，胡桃饰面，清漆

# 建筑面积：145.8m² 设计师：姜明明

## "简约中式"设计

　　这是一个三室两厅简约中式设计，设计师利用古典的中式元素与线条，再配合木质的本色，来表现中式装饰的韵味。整体设计沉稳而有活力，空间层次的变化丰富而有韵律。

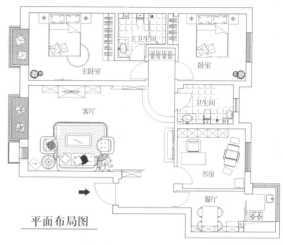

平面布局图

细木工板，胡桃木饰面，清漆

实木地板

石膏板吊顶，乳胶漆饰面

胡桃木窗格

木龙骨基层，实木地板

石膏板吊顶，
乳胶漆饰面

细木工板,胡桃
木饰面,清漆

石膏板造型乳
胶漆饰面

文化石饰面

书画壁纸饰面

细木工板,胡
桃木饰面,清
漆

石膏板造型，乳胶漆饰面

细木工板,胡桃木饰面,清漆

石膏板造型,乳胶漆饰面

伊丽莎白大理石饰面

细木工板胡桃木饰面,擦色,清漆

实木地板

 TIPS

大理石分为天然大理石和人造大理石两种,天然大理石具有硬度高,耐磨,渗透性强,缺点是有辐射.人造大理石可供选择的颜色多,无辐射,不出现接缝,缺点是较软

家装时代——现代风格篇
筑龙网　编著
KH：9050
ISBN 978-7-300-09514-1
定价：25.00元

家装时代——欧陆风格篇
筑龙网　编著
KH：9049
ISBN 978-7-300-09512-7
定价：25.00元

家装时代——中式风格篇
筑龙网　编著
KH：9051
ISBN 978-7-300-09513-4
定价：25.00元

北京市海淀区上地信息路2号国际科技创业园2号楼14层D
北京科海培中技术有限责任公司／北京科海电子出版社 市场部
邮政编码：100085
电　话：010–82896445　　传　真：010–82896454

# 读者回执卡

　　　您好！感谢您购买本书，请您抽出宝贵的时间填写这份回执卡，并将此页剪下寄回我们的读者服务部。我们会在以后的工作中充分考虑您的意见和建议，并将您的信息加入公司的客户档案中，以便向您提供全程的一体化服务。您将成为科海书友会会员，享受优惠购书服务，参加不定期的促销活动，免费获取赠品。

姓名：＿＿＿＿＿＿＿　　性别：＿＿＿＿　　年龄：＿＿＿　　学历：＿＿＿

职业：＿＿＿＿＿＿＿　　电话：＿＿＿＿＿＿　　E–mail：＿＿＿＿＿＿

通信地址：＿＿＿＿＿＿＿＿＿＿＿＿＿＿＿＿＿＿＿＿＿＿＿＿＿

您经常阅读的图书种类：

☐平面设计　☐三维设计　☐网页设计　☐数码视频　☐黑客安全　☐网络通信
☐基础入门　☐工业设计　☐电脑硬件　☐办公软件　☐装饰装修　☐其他

您对科海图书的评价是：＿＿＿＿＿＿＿＿＿＿＿＿＿＿＿＿＿＿＿＿＿＿

＿＿＿＿＿＿＿＿＿＿＿＿＿＿＿＿＿＿＿＿＿＿＿＿＿＿＿＿＿＿＿＿＿＿

您希望科海出版什么样的图书：＿＿＿＿＿＿＿＿＿＿＿＿＿＿＿＿＿＿＿

＿＿＿＿＿＿＿＿＿＿＿＿＿＿＿＿＿＿＿＿＿＿＿＿＿＿＿＿＿＿＿＿＿＿

## 北京科海诚邀国内技术精英加盟

出版咨询：feedback@khp.com.cn

　　科海图书一直以内容翔实、技术独到、印装精美而受到读者的广泛欢迎，以诚信合作、精心编校而受到广大作者的信赖。对于优秀作者，科海保证稿酬标准和付款方式国内同档次最优，并可长期签约合作。

## 科海图书合作伙伴

**从以下网站／论坛可以获得科海图书的更多出版／营销信息**

互动出版网　www.china-pub.com
华储网　www.huachu.com.cn
卓越网　www.joyo.com
当当网　www.dangdang.com
ChinaDV　www.chinadv.com
视觉中国　www.chinavisual.com
中科上影数码培训中心　www.sinosfs.com
v6dp　www.v6dp.com